U0160792

数学思维游戏

挑战连环数列

[日]稻叶直贵 著

杜雪 译

中信出版集团 | 北京

图书在版编目（CIP）数据

停不下来的数学思维游戏.挑战连环数列/（日）稻
叶直贵著；杜雪译.--北京：中信出版社，2022.3
　　ISBN 978-7-5217-3864-3

　　Ⅰ.①停…　Ⅱ.①稻…②杜…　Ⅲ.①数学—少儿读
物 Ⅳ.① O1-49

中国版本图书馆 CIP 数据核字 (2021) 第 270779 号

停不下来的数学思维游戏·挑战连环数列

著　　者：[日]稻叶直贵
译　　者：杜雪
出版发行：中信出版集团股份有限公司
　　　　　（北京市朝阳区惠新东街甲4号富盛大厦2座　邮编　100029）
承 印 者：北京启航东方印刷有限公司

开　　本：787mm×1092mm　1/16　　印　张：2.25　　字　数：30千字
版　　次：2022年3月第1版　　　　　　印　次：2022年3月第1次印刷
京权图字：01-2021-7087
书　　号：ISBN 978-7-5217-3864-3
定　　价：118.00元（全6册）

出　　品：中信儿童书店
图书策划：橡果童书　　　　　　　策划编辑：常青　于淼　　　　　责任编辑：孙婧媛
营销编辑：张琛　　　　　　　　　装帧设计：李然　　　　　　　　内文排版：李艳芝

游戏说明

请你用正整数补充数列，让同一条直线上的数组成一个数列。
同一数列中的数不应相同，必须按从大到小或从小到大的顺序排列。
同一数列中相邻两个数的差要相同，即应为等差数列。

例题

每个题目只有一个答案。

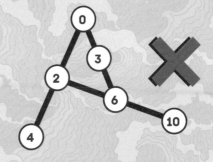

这是错误的，
因为同一数列中的数不能重复。

这是错误的，
因为0不是正整数。

2

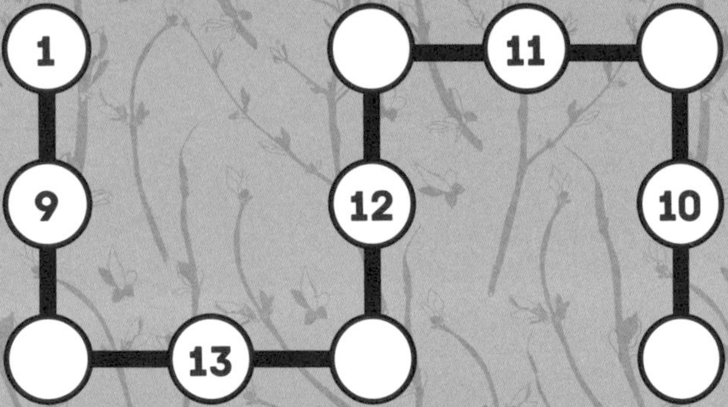

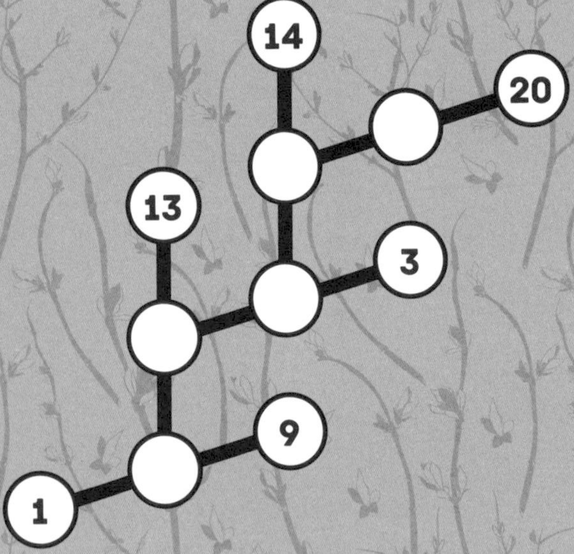

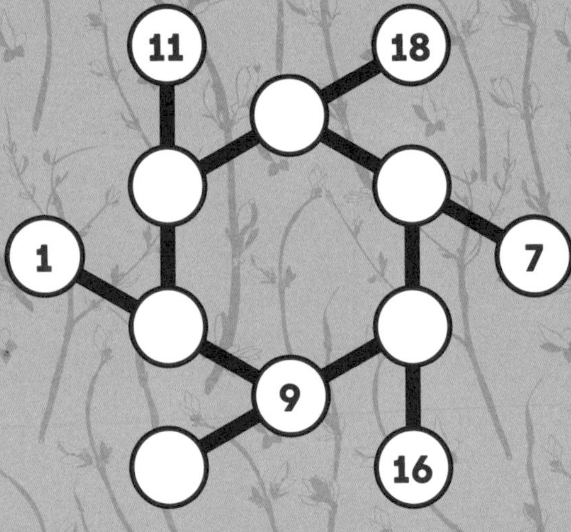

3

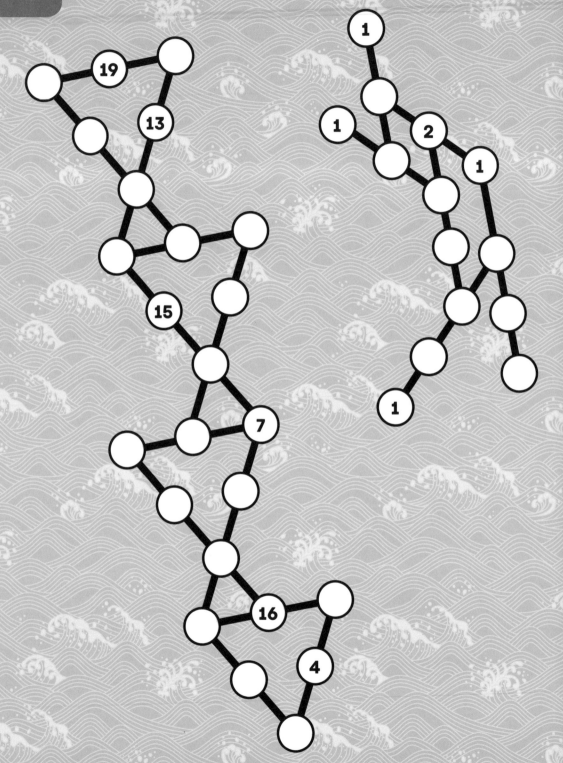

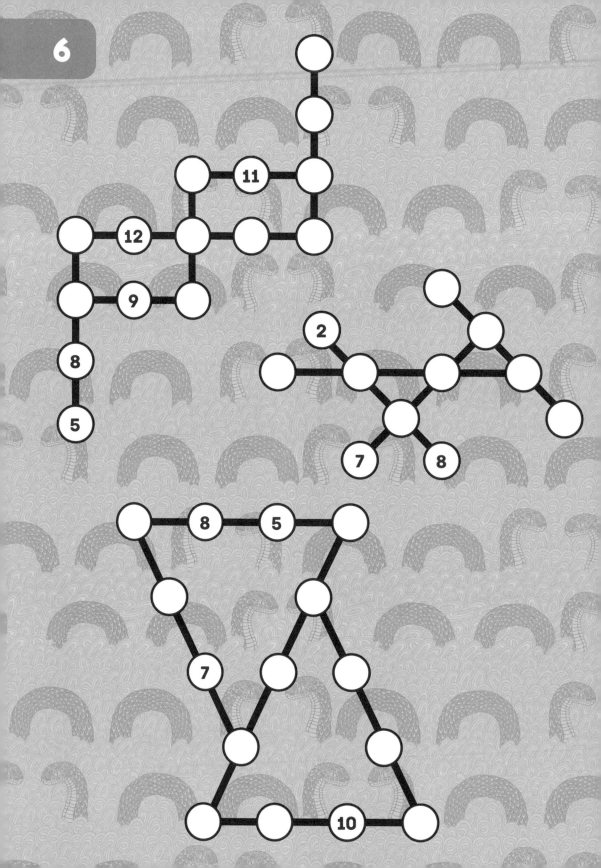

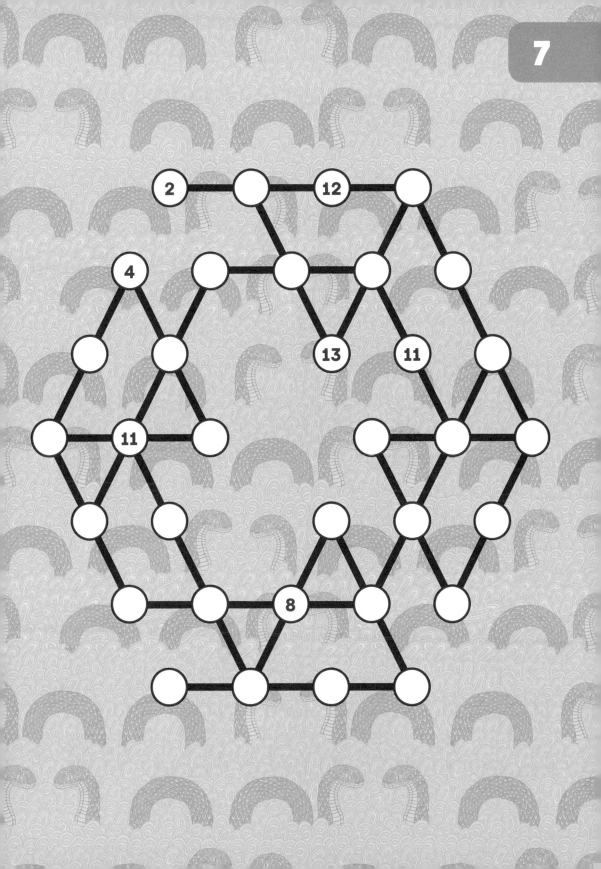

8

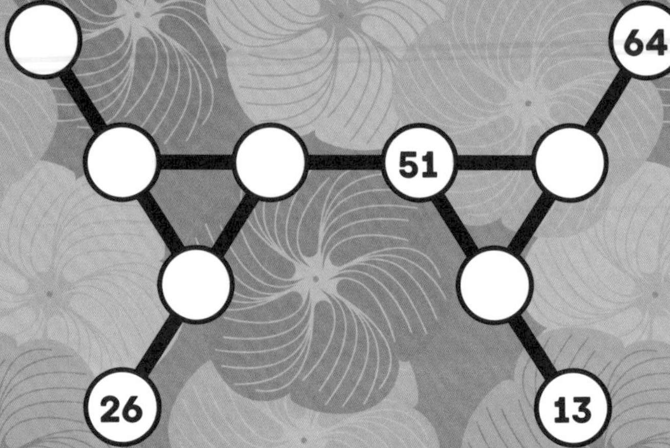

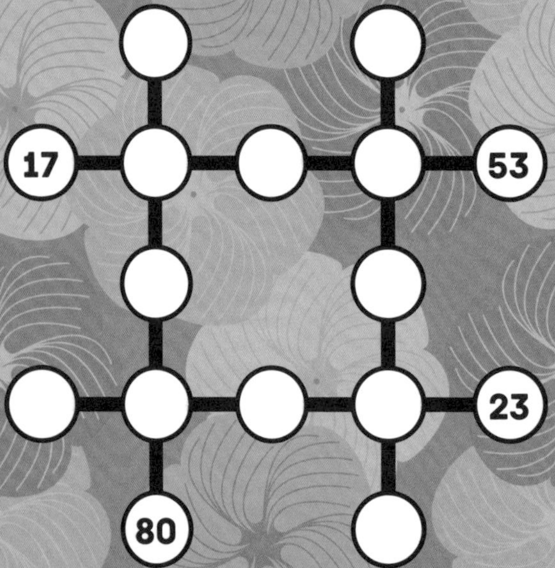

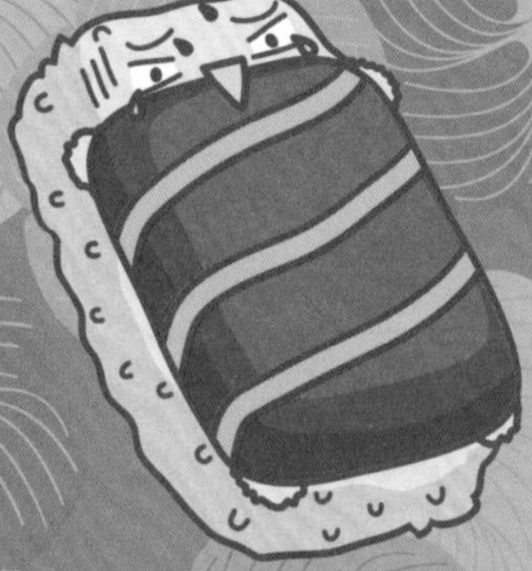

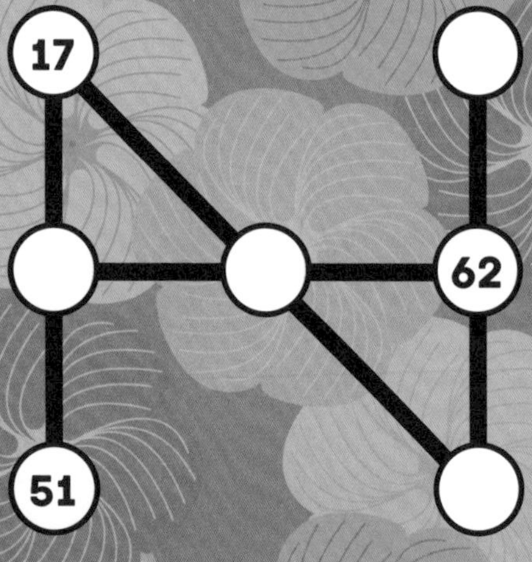

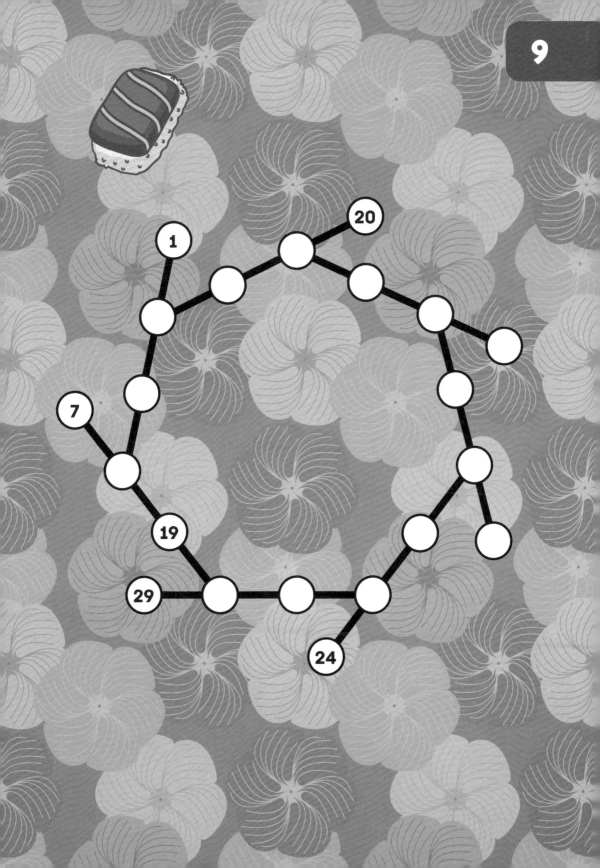

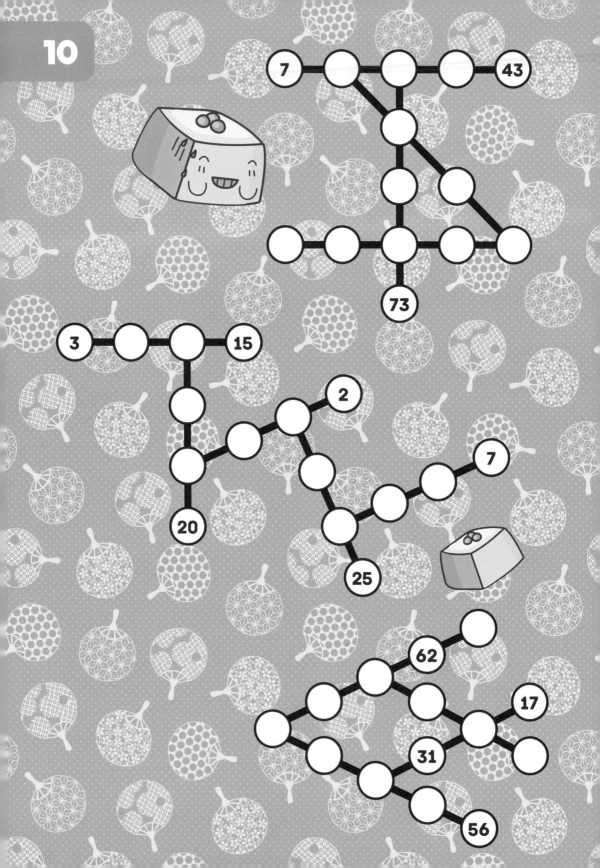

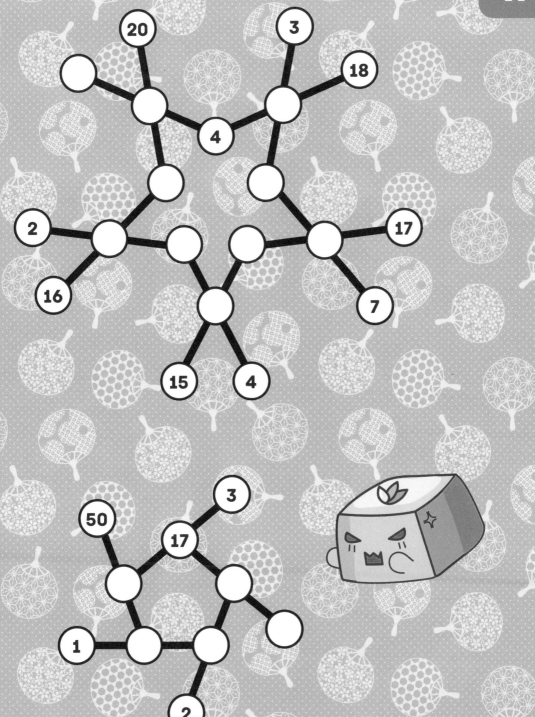

12

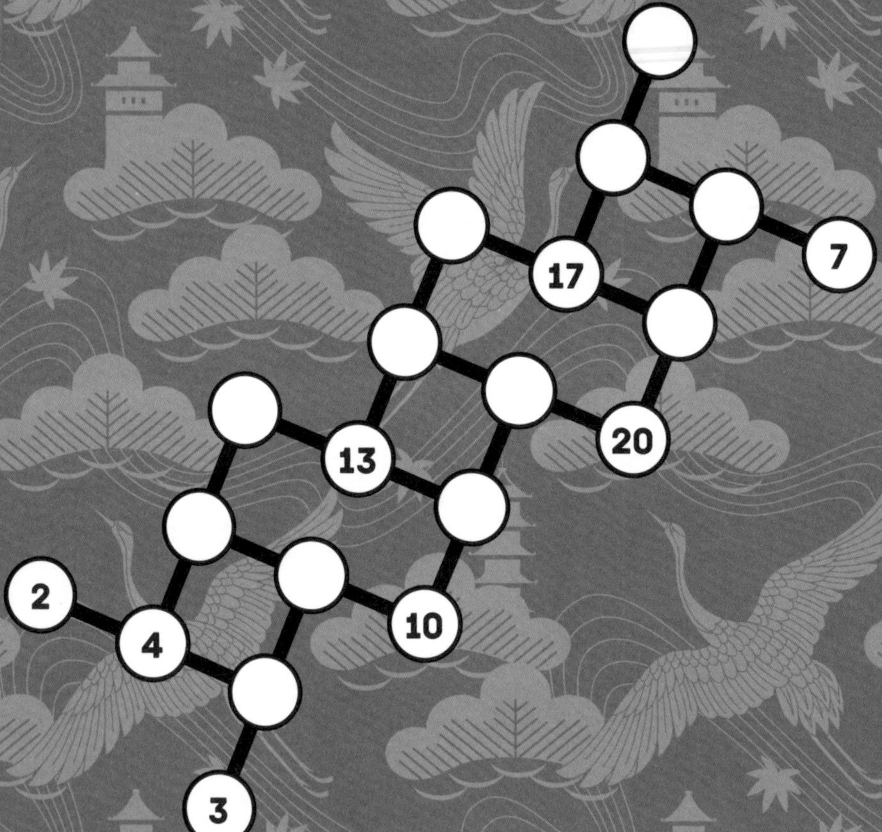

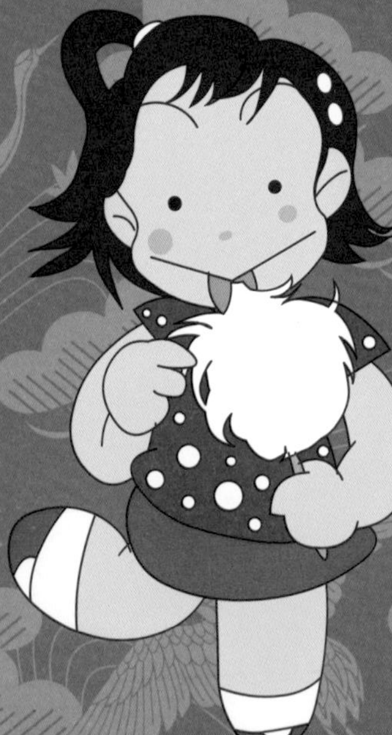

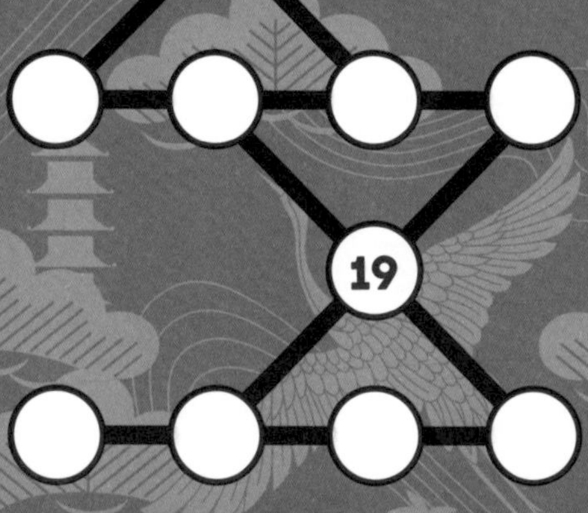

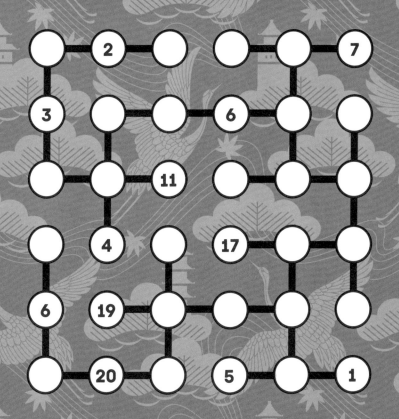

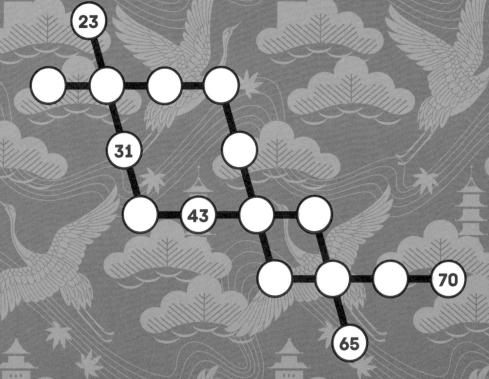

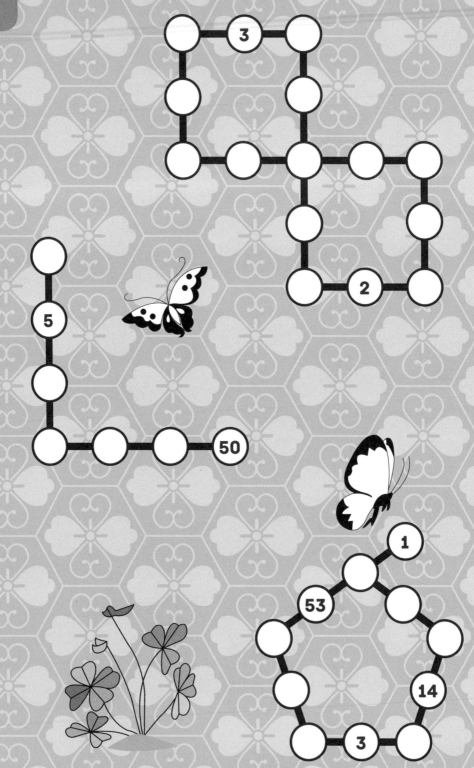

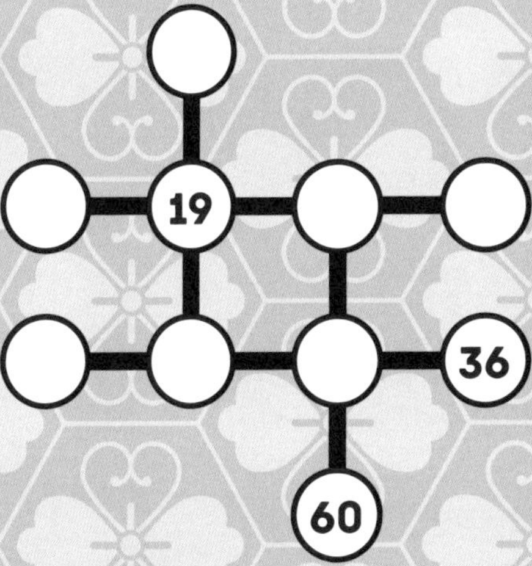
19
36
60

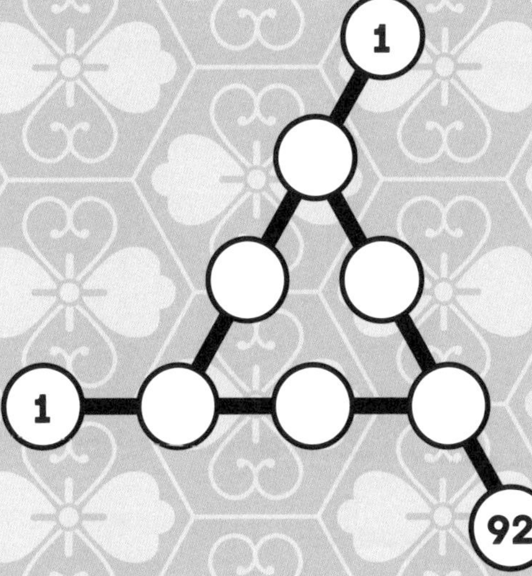
1
1
92

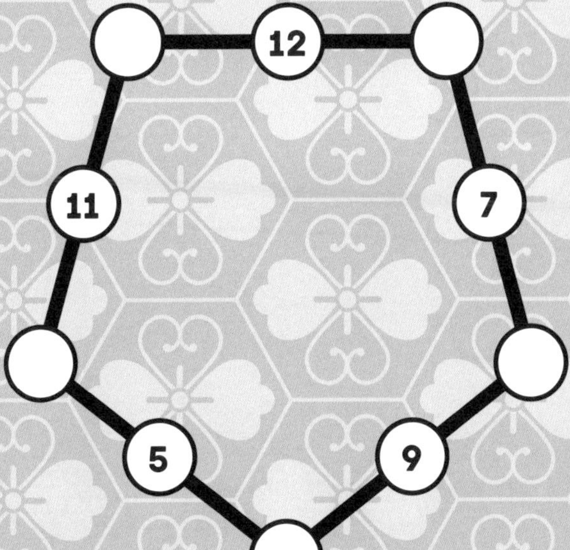
12
11
7
5
9

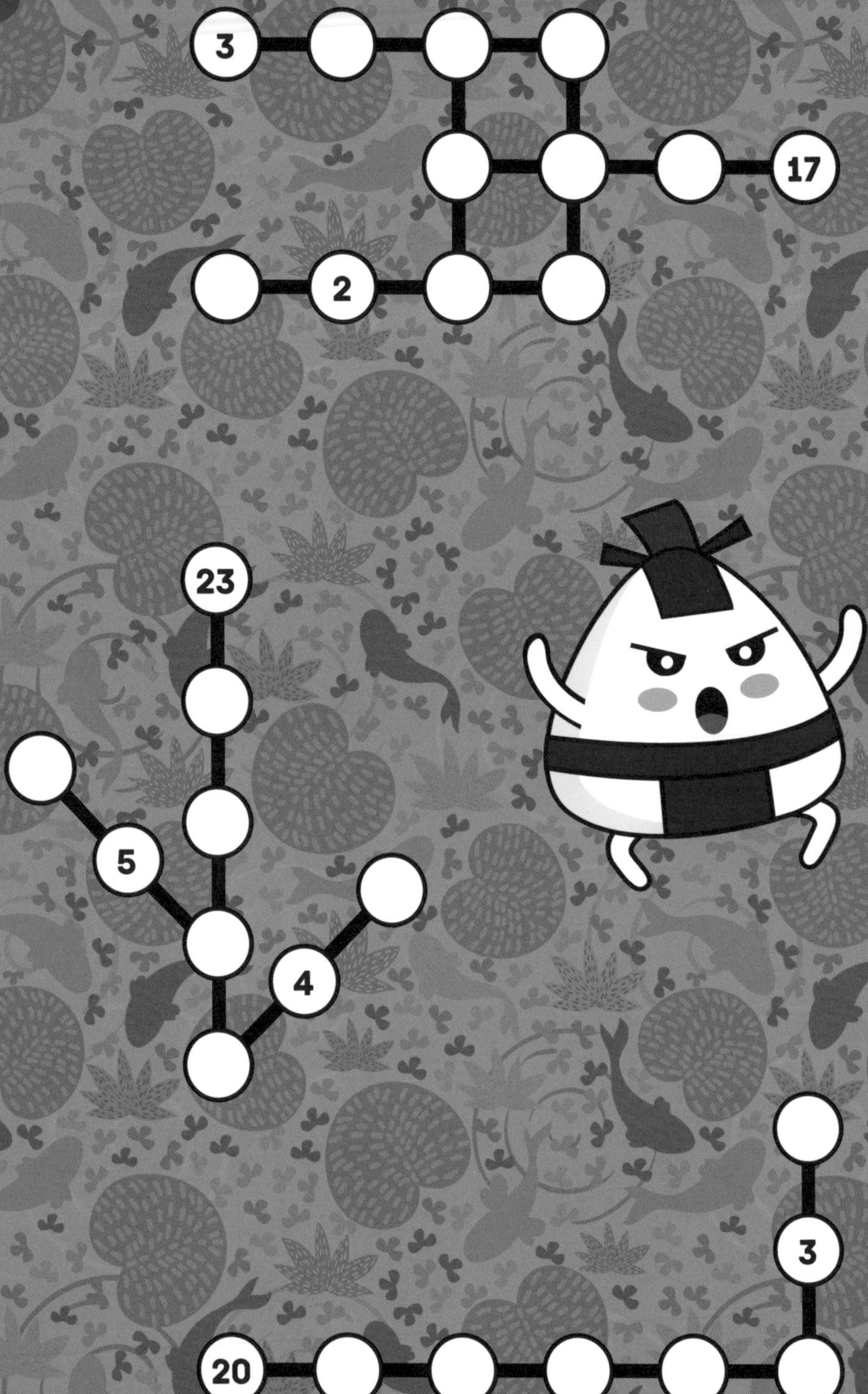
3
17
2
23
5
4
3
20

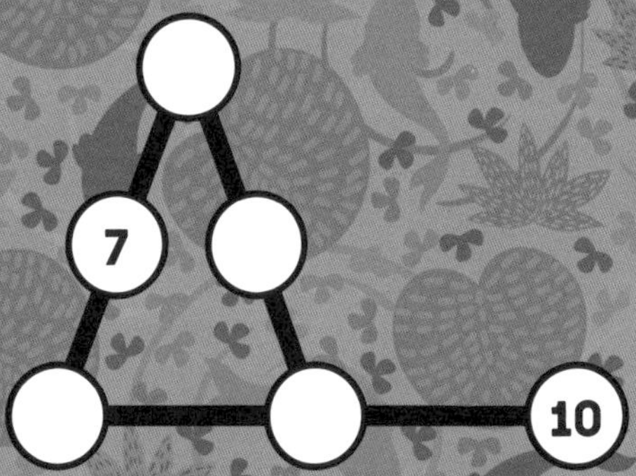
7
10

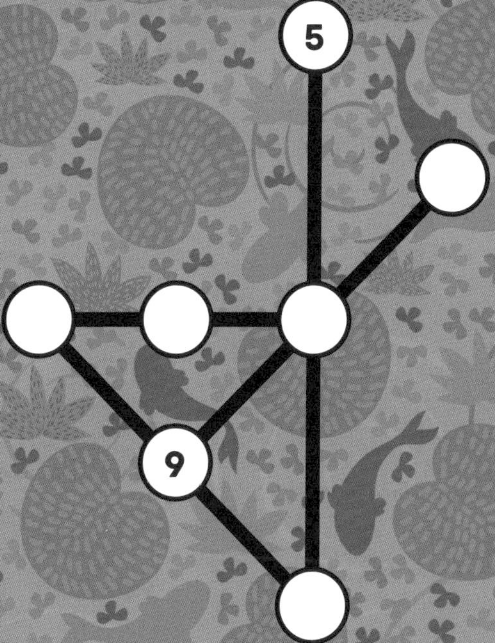
5
9

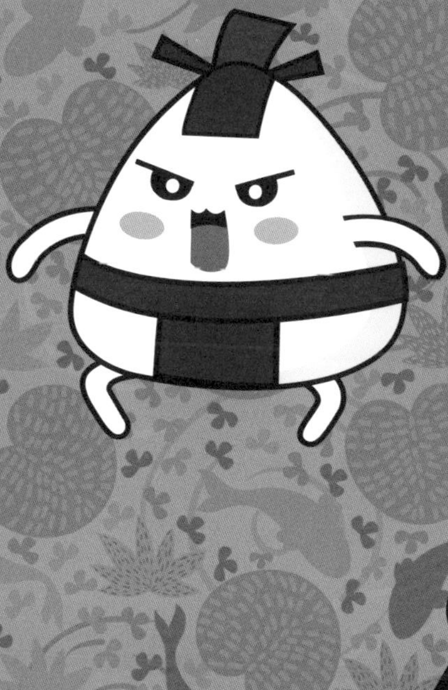

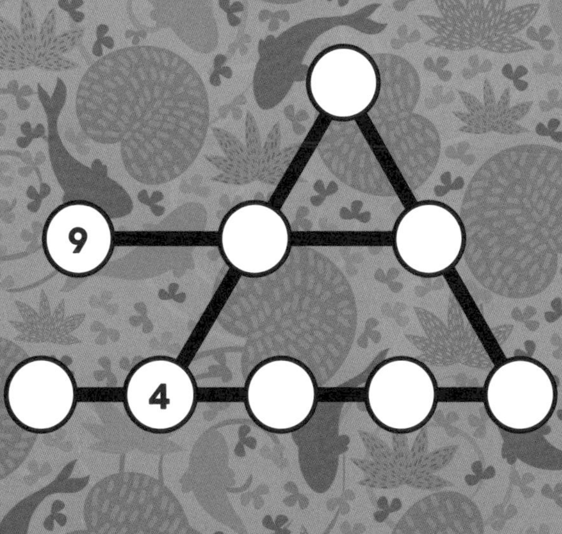
9
4

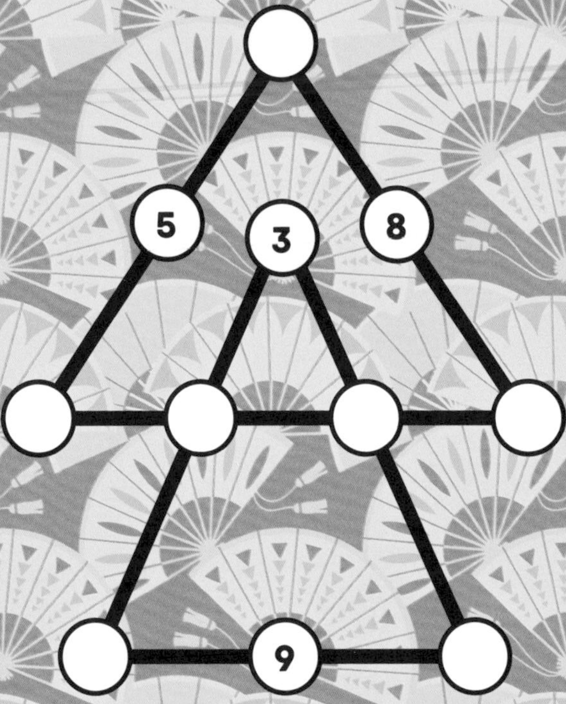
5
3
8
9

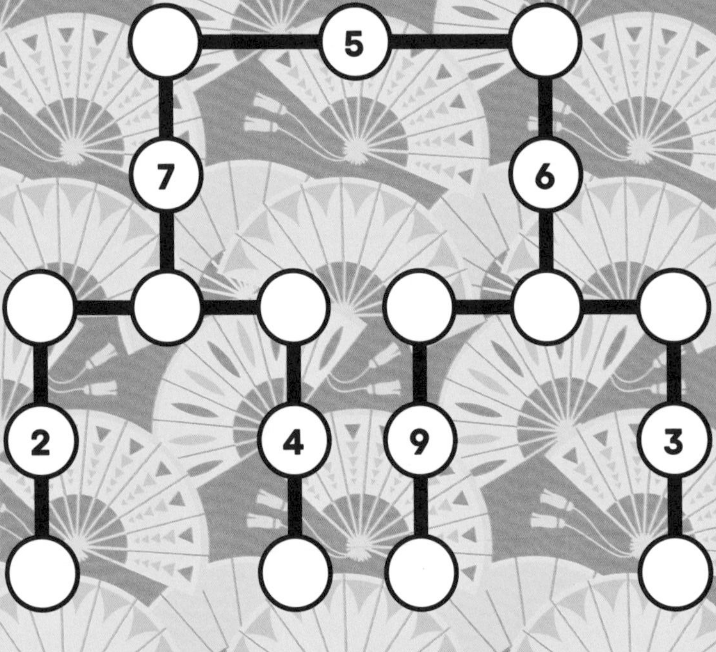
5
7
6
2
4
9
3

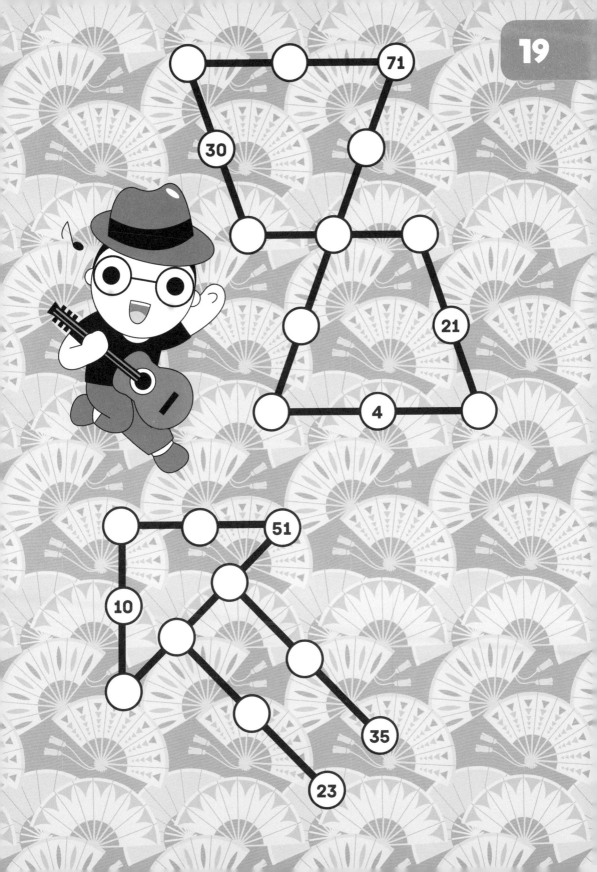

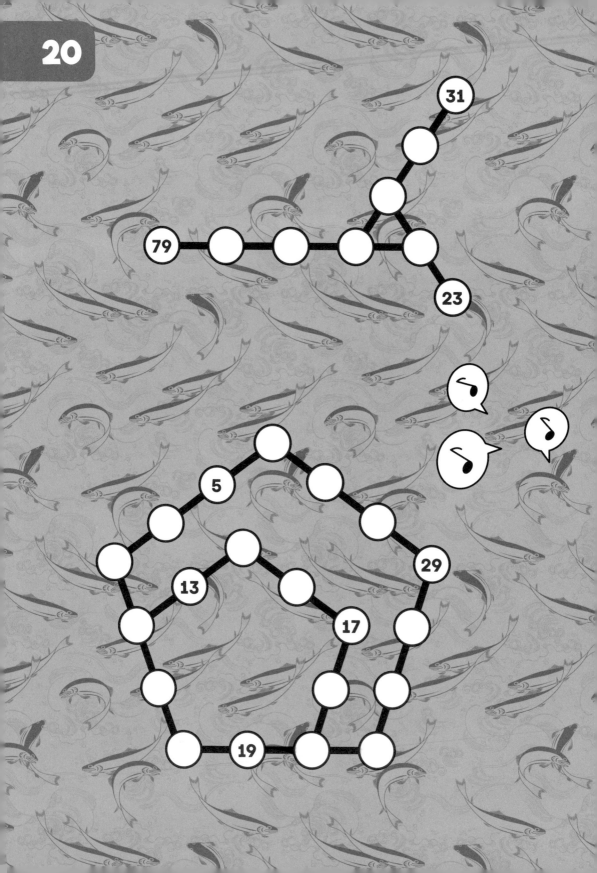

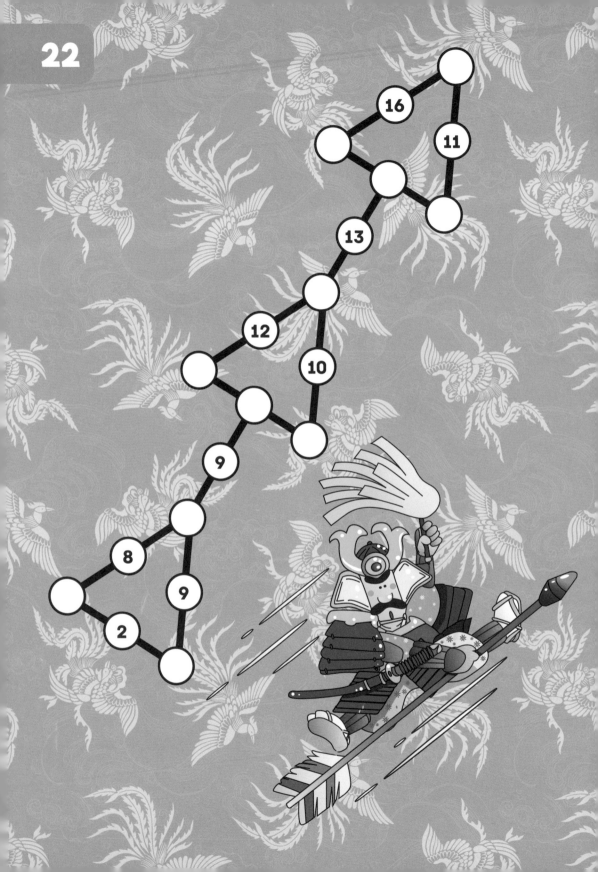

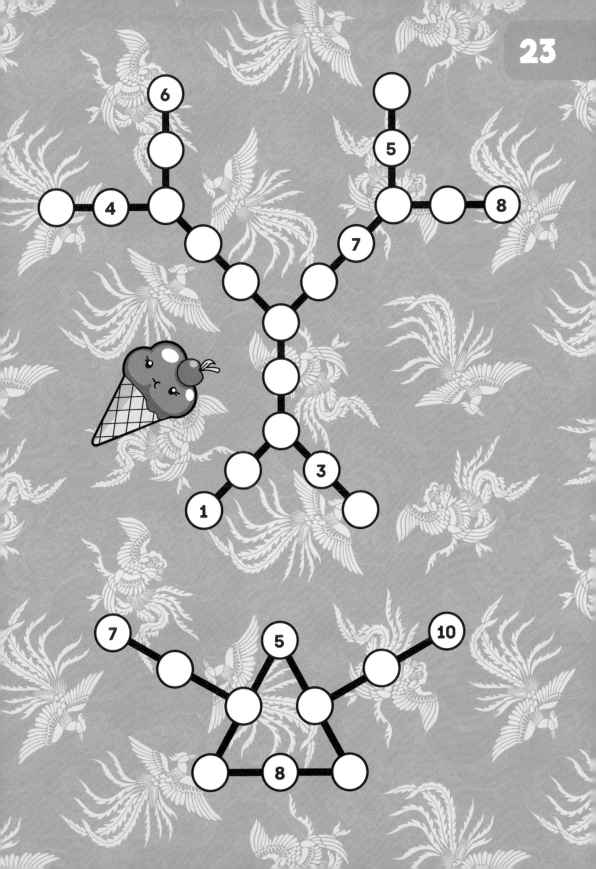

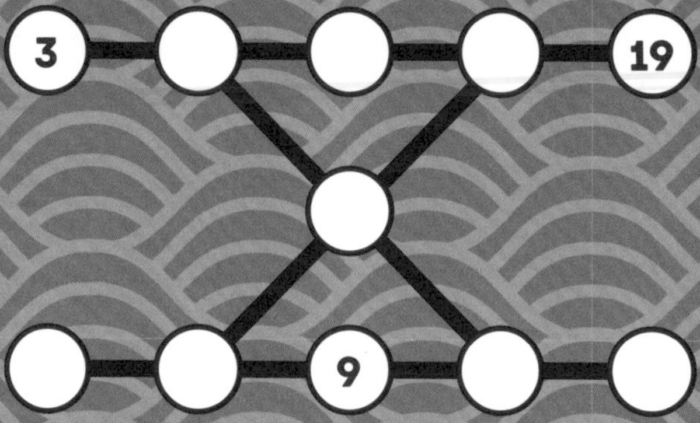
3
19
9

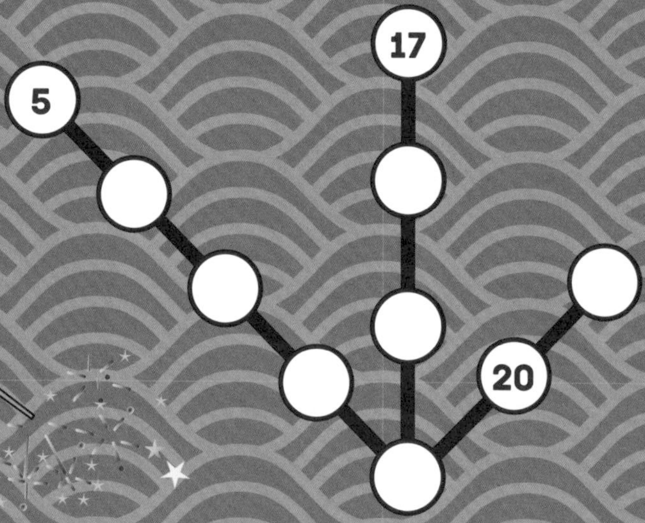
17
5
20

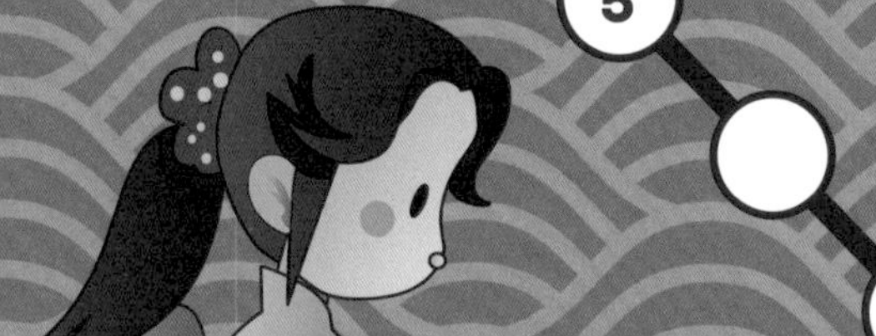

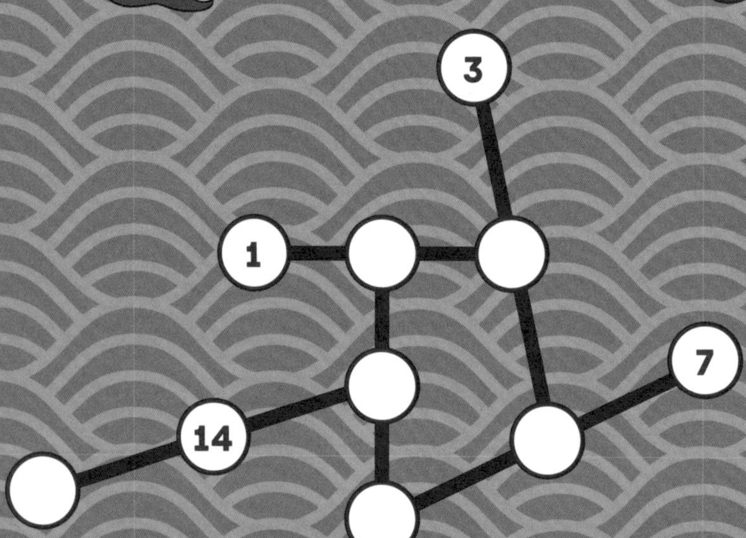
3
1
7
14

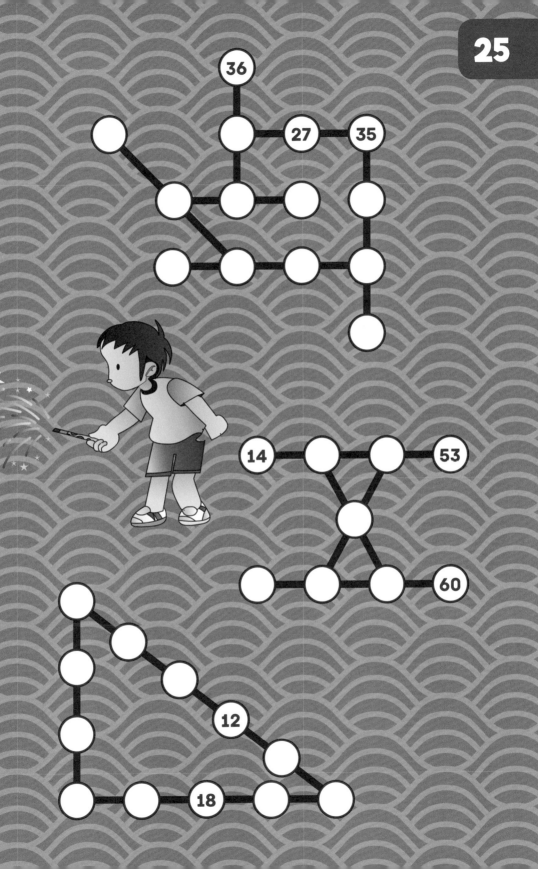

26

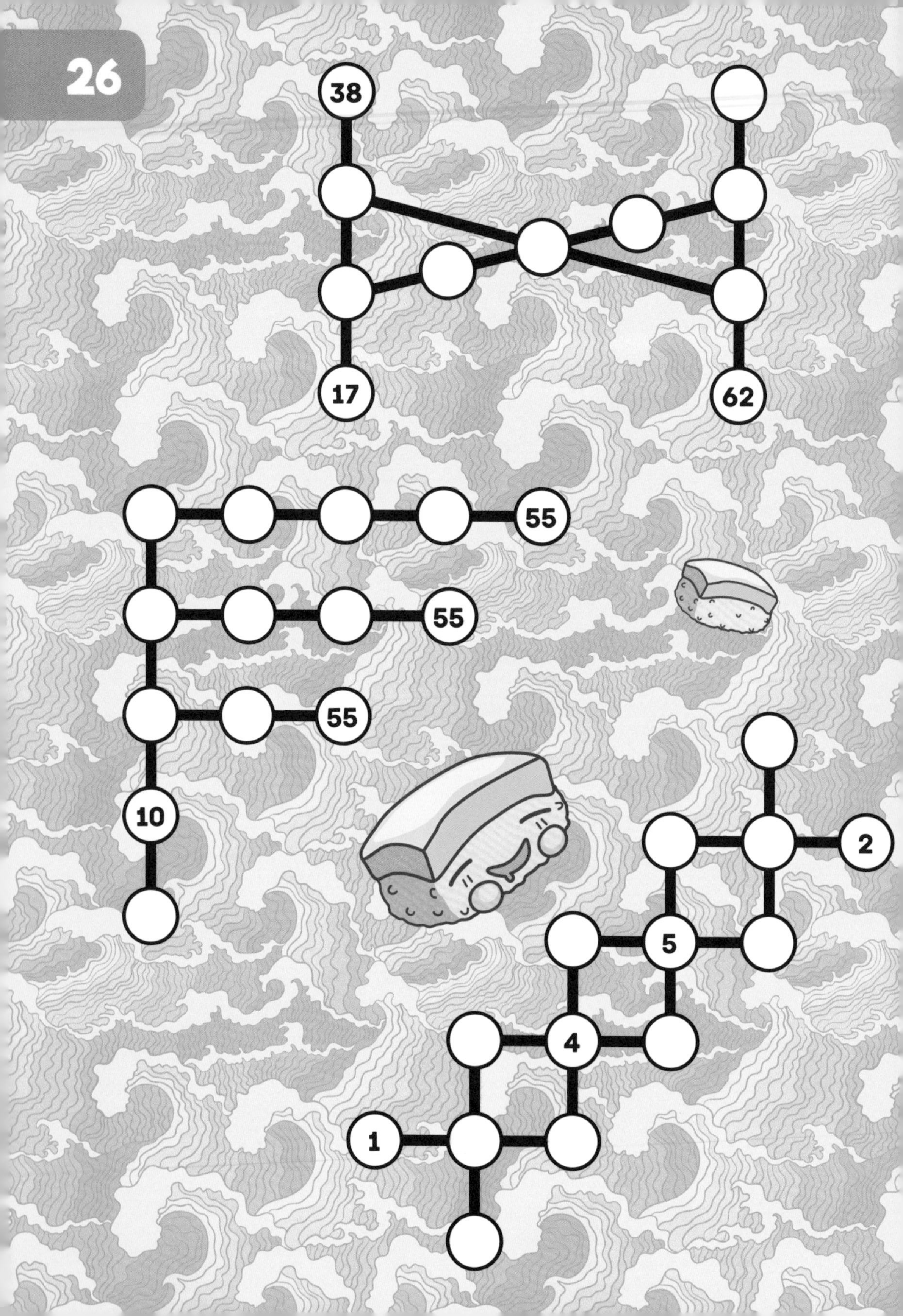

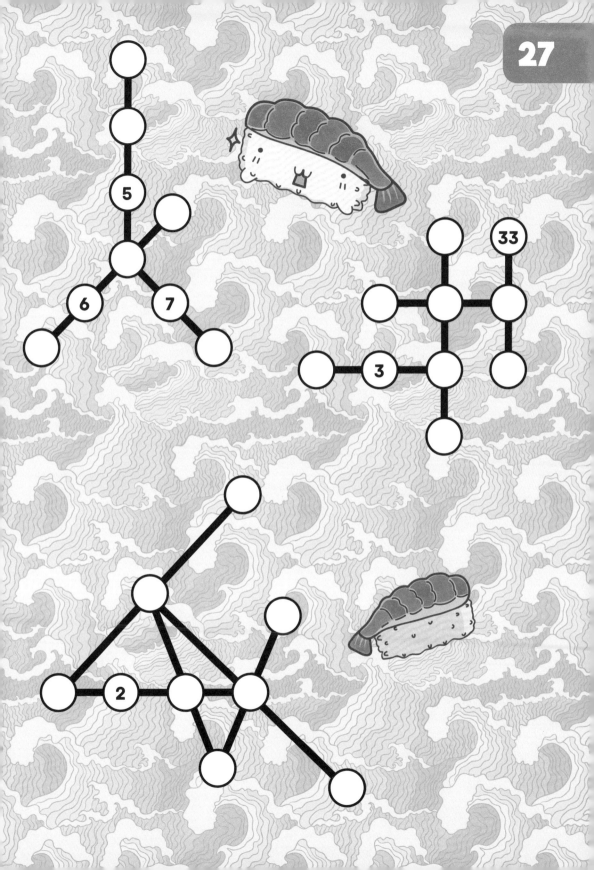

答案

第 2 页

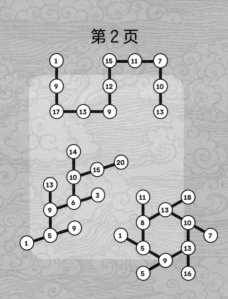

第 3 页

第 4 页

第 5 页

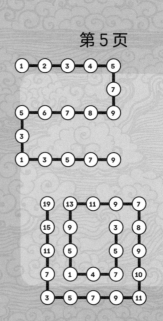

第6页

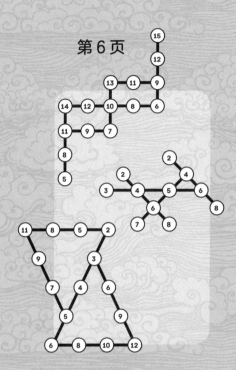

第7页

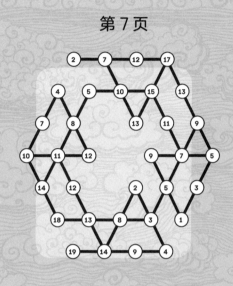

第8页

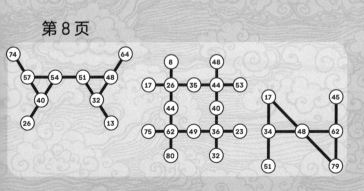

第9页

第10页

第11页

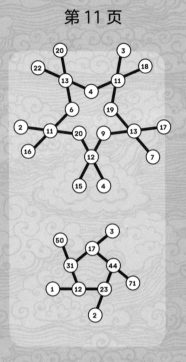

第12页

第13页

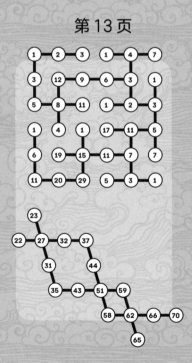

第14页

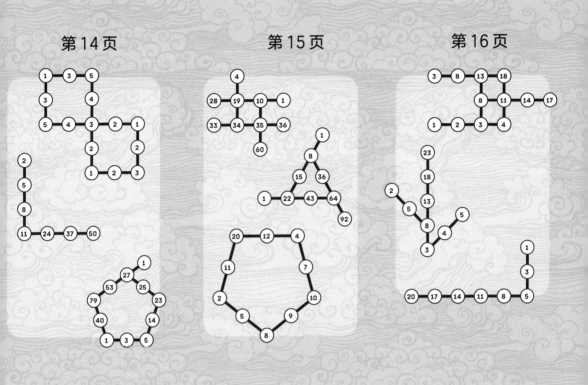

第15页

第16页

第17页

第18页

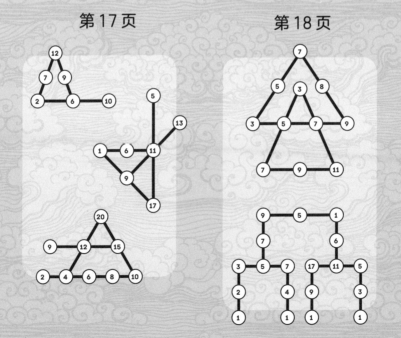

第 19 页

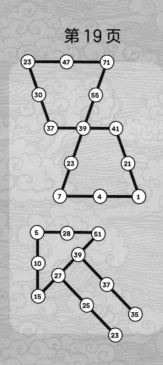

第 20 页

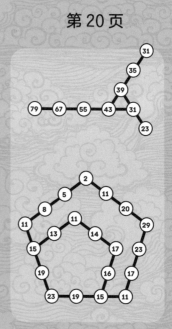

第 21 页　　　第 22 页　　　第 23 页

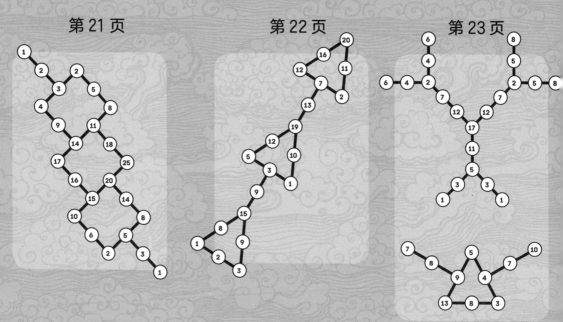

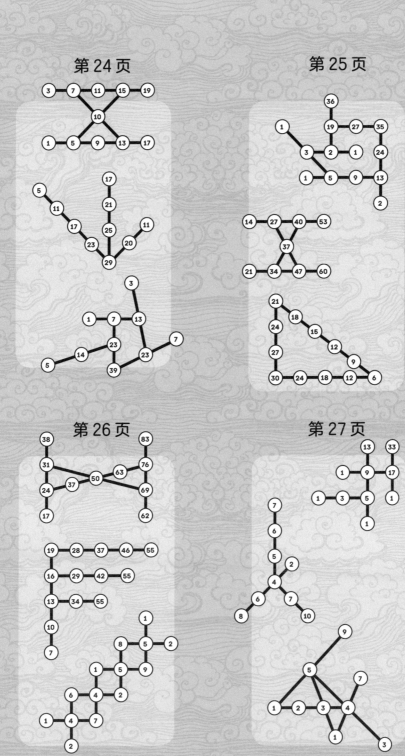

第24页

第25页

第26页

第27页